现代农业新技术系列科普动漫丛书

小西瓜大鸟瓜

韩贵清　主编

中国农业出版社

本书编委会

主　　编　　韩贵清

总 顾 问　　唐　珂　　赵本山

执行主编　　刘　娣　　马冬君

副 主 编　　许　真　　李禹尧

编创人员　　张喜林　　王　宁　　王喜庆

　　　　　　贾云鹤　　付永凯　　闫　闻

　　　　　　刘媛媛　　袁　媛　　丁　宁

前　言

　　黑龙江省农业科学院秉承"论文写在大地上，成果留在农民家"的创新理念，转变科研发展方式，成功开创了融科技创新、成果转化和服务"三农"为一体的科技引领现代农业发展之路。

　　为了进一步提高农业科技知识的普及效率，针对目前农业生产与科技文化需求，创新科普形式，将科技与文化相融合，编创了以东北民俗文化为背景的《现代农业新技术系列科普动漫丛书》。本书为丛书之一，采用图文并茂的动画形式，运用写实、夸张、卡通、拟人手段，融合小品、二人转、快板书、顺口溜的语言形式，图解最新农业技术。力求做到农民喜欢看、看得懂、学得会、用得上，以实现科普作品的人性化、图片化和口袋化。

编　者

2016年11月

近年来，随着生活品质的提高和消费群体的改变，皮薄肉甜的小型礼品西瓜深受人们喜爱。精明能干的蔬菜种植户老虎抓住市场、找准机会，决心放开手脚，在小西瓜的大市场中闯出一番天地……

主要人物

小农科　　老虎　　老虎媳妇　　刘大爷　　大西瓜　小西瓜

小西瓜，住别墅，
育苗早，抢进度。
先嫁接，后上树。
成熟早，高甜度。

　　这两年，小型礼品西瓜备受市场和瓜农青睐，俨然成了西瓜世界里的大明星。瞧，美美的小西瓜一大早儿就高兴地唱上了……

　　俗话说，有人欢喜就有人发愁。见小西瓜出尽风头，备受冷落的大西瓜忍不住跳出来奚落她个头小，是早产儿。小西瓜也毫不示弱，说自己是又甜又美人人爱的小型品种。

就在他俩吵得难解难分的时候，当年西瓜价格出来了。小西瓜居然比大西瓜贵了一倍还多，气得大西瓜直喊不服。

都是西瓜，这价格咋就差了这么多呢？故事还得从头年6月说起。

　　老虎一大早儿就把小农科堵在了农业科学院的智能温室里，讨教能让西瓜早上市、卖高价的"秘方"。小农科告诉他："要想让西瓜在6月初上市卖高价，只能种早熟品种，4月份就得定植到地里。"

　　说话的工夫，老虎咬了一口小农科刚切开的小西瓜。这6月初的小西瓜不但皮薄籽少，吃到嘴里还特别甜，让老虎不由得大吃一惊。

　　小农科解释说：“黑龙江地区6月初昼夜温差特别大，白天棚内四十多度，晚上才十五六度。所以，这季节长熟的瓜，糖度特别高。”

　　老虎又把周围几个大大小小、不同品种的瓜都看了一遍，最后还是拿起刚吃过的小西瓜，嘴里嘀咕着："我就相中它了。"

　　小农科连忙介绍说："这是小型礼品瓜，切开一次就能吃完、口感又好，在城里卖得可好了。"小农科还帮助老虎选了一个不爱开裂、抗病性好的品种。

好，猫冬的时候我去办培训。

小农科叮嘱老虎："这种高附加值的礼品瓜，配套技术和大瓜可不一样，一定要用现代化的生产方式生产，育苗的要求相对高。"

　　秋去冬来，小农科如约来到村里给种植户们做培训。老虎两口子坐在第一排，听得格外认真。

培训首先从施肥开始，小农科给大家讲解了施肥的原则。

通过土壤检测，可以知道土壤中主要营养元素氮、磷、钾等的含量有多少。缺啥补啥，缺多少补多少，按照配方来施肥。

老虎连忙打听自家土地土壤检测的结果。小农科告诉他，报告已经出来了，并根据他家土地的土壤条件给出了一套科学的施肥方案。

每667平方米：
施用腐熟有机肥3 000千克，
硫酸钾30千克，
磷酸二铵40千克。
施肥量根据地力适当调整。

先施底肥，每亩*施有机肥3 000千克，硫酸钾30千克，磷酸二铵40千克。

* 亩为非法定计量单位，1亩≈667平方米。

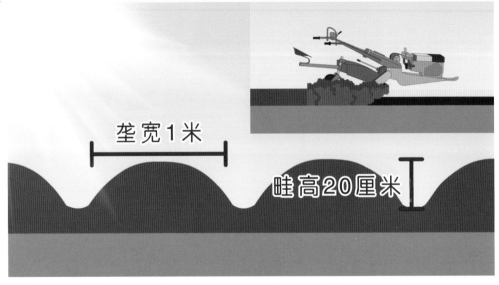

垄宽1米

畦高20厘米

施过有机肥，旋耕整地。在定植前10天起垄，垄宽1米，畦高20厘米。

大棚长度约50米宽12米

垄宽1米 滴灌带

最后，安装配套的水肥一体化设备，这地就算准备好了。

老虎，你整这啥玩意儿？

　　老虎两口子正在大棚里忙活，隔壁的西瓜种植户刘大爷好奇地溜达进来。老虎连忙招呼他。"这叫水肥一体化，又能浇水又能施肥；微肥啥的，放到这个施肥罐里，随着浇水就进地里了，特别方便。"老虎对刘大爷说。

老虎告诉刘大爷："今年不种菜了，准备种小西瓜。就追点钾肥、镁、钙啥的，放这玩意儿里头，一送水，就完事了。"听老虎说打算种小西瓜，刘大爷吃惊地瞪大了眼睛。见他这么大反应，老虎媳妇被吓了一跳。

　　原来，刘大爷去年在棚里种了一年大西瓜，才刚能保本。眼看老虎要种小西瓜，怎么想都是笔赔钱的买卖。老虎却信心十足地表示赔不了钱。

　　小西瓜虽然个头小，可是一垄双行吊起来立体栽培，一个棚能收2 000多个瓜，总产量比大瓜产量高，卖价也高。

刘大爷越听越糊涂，他觉得老虎说话太邪乎，根本不可信。

装这新鲜玩意儿还得花钱，自己浇水、打药能费多大工夫？

刘大爷边摇头边往外走，心里想着年轻人做事实在是不靠谱，还是抓紧时间拾掇自己的育秧棚要紧。

真是冤家路窄，小西瓜和大西瓜在育苗的路上又见面了。只不过大西瓜是带了一群小瓜子去刘大爷家的育秧棚，小西瓜则是送自家的孩子们去农科院的工厂化育苗中心，培育嫁接苗。

大西瓜又是一顿冷嘲热讽，嘲笑小西瓜有基因缺陷。

你也一起去吧。

小西瓜解释说："西瓜嫁接在葫芦苗上，可以抗病虫害。"并邀请大西瓜一起去育苗中心。

可大西瓜并不买账，一把推开小西瓜，带着一队小瓜子径直朝刘大爷家育秧棚走去。

　　"别去，刘大爷家的育秧棚是重茬种西瓜，是咱西瓜的大忌。"小西瓜在后面着急地喊，可是大西瓜已经走远了。

　　见拦不住大西瓜，小西瓜无奈地叹了口气，喃喃道："重茬种西瓜很容易得枯萎病的。"小瓜子们连忙围上前，问什么是枯萎病。

枯萎病

伸蔓期开始，要是得了这个病，根变褐、叶打蔫儿，最严重的就全都枯死了。

　　听说枯萎病这么可怕，小瓜子们都吓得哭了起来。小西瓜连忙安慰他们道："咱家自带抗病基因，而且育苗中心的苗土严格消毒，用的是生物有机肥。还有，葫芦苗跟咱嫁接可提高抗病能力。"小瓜子们这才破涕为笑。

　　小西瓜带着孩子们来到了工厂化育苗中心。可进去之后发现，育苗中心里并排有两个房间：一个门上写着"自根苗育苗区"，另一个门上写着"嫁接苗育苗区"。小瓜子们一时不知道该往哪儿走。

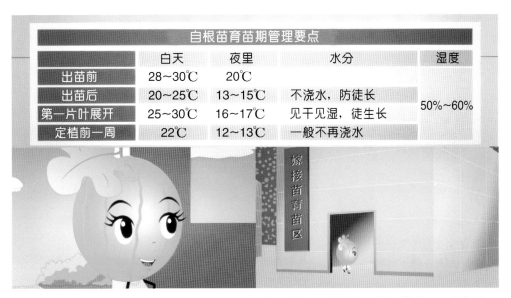

自根苗育苗期管理要点				
	白天	夜里	水分	湿度
出苗前	28~30℃	20℃		
出苗后	20~25℃	13~15℃	不浇水，防徒长	50%~60%
第一片叶展开	25~30℃	16~17℃	见干见湿，徒生长	
定植前一周	22℃	12~13℃	一般不再浇水	

　　小西瓜告诉孩子们："自根苗区培育的是自根苗，不嫁接的。第一茬种西瓜病害少，可以用自根苗，但还是有风险。"说完就大步朝嫁接苗区走去了，嘴里还嚷着："快来，咱是精品瓜，还是嫁接更安全。"

客户： 老虎
定植时间： 4月20日
数量： 2 400株

西瓜苗与抗枯萎病的葫芦苗嫁接到一起，再种到营养钵里，生根长叶。

嫁接后的管理					
天数	白天温度	夜间温度	光照	小拱棚湿度	水分
1~3天	25~30℃	18~20℃	白天小拱棚要遮阳	95%以上	少量喷洒清水，让土块不干燥
4~6天			逐渐增加见光时间	70%~80%	
7天后	25℃	15℃	温度不超过30℃，就不用遮阳		

温度、湿度和水分控制好，再炼炼苗，咱就能回家了。

如果温度不够，还要扣个小拱棚保温、保湿，确保嫁接苗安全长大。

转眼进入3月底，刘大爷家的大瓜还在出苗，老虎订的工厂苗已经开始炼苗了。

　　"我是在育苗中心预定的嫁接苗，不在这儿，再过十几天就能拉回来啦！"老虎告诉刘大爷。刘大爷一听连苗都是买的，连连摇头，说："年轻人太大手大脚。"

优质种子
高产大西瓜

　　老虎跟刘大爷解释了为什么要选用工厂苗，可刘大爷却晃了晃手上的"高产大西瓜"种子包装，觉得自己育苗也不差。老虎看到刘大爷手上的包装袋，着急地问："大爷，您播下去的是这种种子？"

原来，刘大爷用的是露地西瓜品种。该品种种在大棚里，咋伺候它都长不好。必须赶紧换种、换苗，可刘大爷仍旧不以为然。

在大棚里种西瓜，必须用专门的大棚品种，并配上专门的大棚种植技术。而且，刘大爷已经连种两年西瓜，病害会特别重。

　　老虎提议帮刘大爷从育苗中心找点合适的嫁接苗，把现在的苗给换了。可刘大爷并不领情，还抱怨老虎管得太多。

　　刘大爷气哼哼地转身就走，老虎追上去叮嘱他做点预防，先给土壤消毒再定植。但那倔老头显然没听进去。

还是我家宝贝儿水灵呀！

真是有什么样的主人，就种出什么样的西瓜。这大西瓜跟刘大爷一样，都有不听劝的倔脾气。他看着比自根苗明显小了一号的嫁接苗，嫌弃地说："怪模怪样的，长出来也是个歪瓜！"

早春虫害主要有：
蓟马、蚜虫、白粉虱等

自根苗

嫁接苗

小西瓜却骄傲地说："我们结出瓜来，比谁都漂亮，关键是还不得病。"

就在大、小西瓜斗嘴的工夫，突然出现了大片飞虫，"嗡嗡嗡"地围着两个小苗打转。

大西瓜焦急地催促小西瓜赶紧打药，可小西瓜却不紧不慢地拿出黄、蓝两种颜色的板子插进地里。

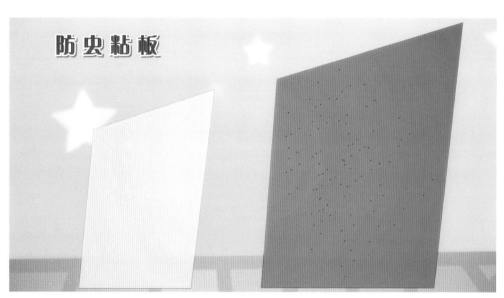

防虫粘板

　　说来也怪，只见害虫们忽然都在空中停住，片刻后像中了邪一样加速向板子冲去，最后竟然"砰砰砰"地撞到板子上不动了。

大西瓜目瞪口呆地看着粘虫板，嘴里叨咕着："疯了，疯了。"小西瓜这回没有搭话，只是高兴地摆弄着嫁接苗，准备回家栽苗了。

晴天上午正当时，先浇底水后定植。

一垄双行
定植行距40厘米
株距50厘米

一垄双行
定植行距40厘米
株距50厘米

　　垄台上的地膜已经用打孔器打出栽苗用的孔洞，并挖出若干坑穴，用小碗将水依次倒进坑穴。

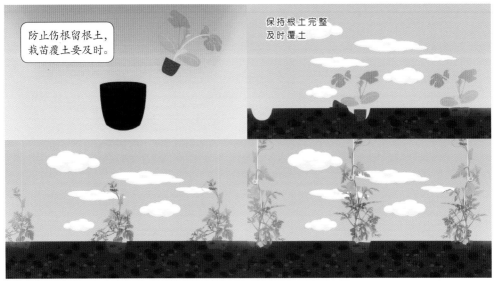

防止伤根留根土，
栽苗覆土要及时。

保持根土完整
及时覆土

定植期的嫁接苗连根土一起移入坑穴，空隙用覆土填满。

缓苗期：昼28~32℃
　　　　夜12℃以上
伸蔓期：昼25~28℃
　　　　夜15℃以上

保持高温缓苗快，
生根长叶在同时。

连续的昼夜更替，小苗也逐渐长出了新的叶片。

10天以后拴绳挂蔓
以后每隔2天绕蔓一次

10天以后绕瓜蔓，
多留一条营养枝。

一条蔓绕到绳上，另一条蔓甩到地上。

刘大爷虽然嘴上说老虎年轻办事不靠谱，可心里也好奇这新鲜玩意儿。见老虎家大棚开着，便走进去看个究竟。刚巧小农科也在，老虎热情地把专家介绍给刘大爷。刘大爷见瓜棚里挂满了绳子，很是新奇，问小农科这到底是啥名堂。

没有阴阳面

甜度高 没纤维

小农科告诉他："把西瓜蔓挂到绳子上，让它顺着绳子往上长。以后长出来的瓜，吊在空中，没有阴阳面，前后左右都是甜的。甜度比爬地瓜高不少，还没有纤维，口感好。"

　　"这是农业科学院的新技术，瓜好，还省地方。"老虎乐呵呵地在一旁补充，听得刘大爷频频点头。

有那么邪乎吗？

不仅是产量低，搞不好，一棚的生西瓜，根本卖不出去。

看倔老头心情不错，小农科又说："听说您在大棚里重茬种露地西瓜，这种情况下西瓜特别容易得枯萎病，而且一发现就晚了。"连专家都这么说，刘大爷心里也开始着急了。

　　小农科拿出一份枯萎病防治方法交给刘大爷，并叮嘱他不能大意，要按照化学防治方法，在伸蔓期和膨大期进行药剂灌根处理。不仅可预防枯萎病，还能提高产量。

　　刘大爷转身往外走，发现旁边挂着的黄色塑料板上已经粘了好多蚜虫。小农科告诉他："虫子喜欢这鲜艳的颜色，自己就往上撞，粘上就跑不了了。"刘大爷这回对专家算是彻底服了。

　　老虎把多出的几块黄色、蓝色的板子送给了刘大爷，老头凑在老虎耳边低声道："这老师还真有点高招，他这喷药的方子，我回去试试！"说完就拿着板子回家去了。

到了开花期，瓜蔓已经爬到半人多高，结出黄色小花。老虎两口子在大棚里做授粉前的准备，两人热得汗流浃背。老虎告诉媳妇："要想坐果好，温度绝对不能低。"

老虎一边搬蜂箱一边得意地对媳妇说："这小蜜蜂往里一放，咱俩就不用管了。自然授粉长出来的瓜可甜了，授粉均匀，不容易畸形。"媳妇兴奋地说："瓜好，人也不遭罪，这钱没白花。"

　　自打有了蜜蜂授粉，"坐瓜灵"可就失业了。眼瞅着自己的铁饭碗就这么被抢了，"坐瓜灵"干生气也没办法，只好气鼓鼓地往刘大爷家去了。

我去买预防枯萎病的药，给你也捎回来吧。

不用，我种的嫁接苗，又是第一茬，用不上。

刘大爷打算听老虎的建议，去买预防枯萎的药，想着帮老虎家把药一起带回来，可老虎却说他家用不上。刘大爷不高兴了，心想："你自己都不用的药，撺掇我花钱买。"索性他也不买了。

听说不用买药预防枯萎病，老虎媳妇倒有些不放心了。老虎耐心地跟她解释道："咱的种植方式和刘大爷不一样，农药、化肥用得都少。咱家最难的，是把浇水、温度和湿度给管好了。"

花期不灌水
防止肥水太大
瓜秧生长过于旺盛
但是坐果差

开花期肥水不能多，
瓜秧蹿个儿不坐果。

到了开花期，瓜秧上结出黄色的花苞，甚是喜人。

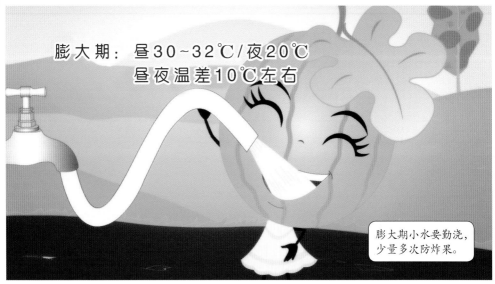

膨大期：昼30~32℃／夜20℃
昼夜温差10℃左右

膨大期小水要勤浇，
少量多次防炸果。

进入膨大期的小西瓜一定要少量多次地补充水分，才能长个儿又不炸果。

在西瓜退毛时
结合追膨瓜肥（尿素、过磷酸钙、硫酸钾）
浇一次膨瓜水
以后每隔4~5天浇一次水

尿素　过磷酸钙　硫酸钾

过磷酸钙

尿素　硫酸钾

过磷酸钙

膨瓜水配上膨瓜肥，
均匀膨大不裂果。

　　小西瓜把尿素、过磷酸钙、硫酸钾配到一起制成膨瓜肥，配合膨瓜水美美地喝到肚子里。

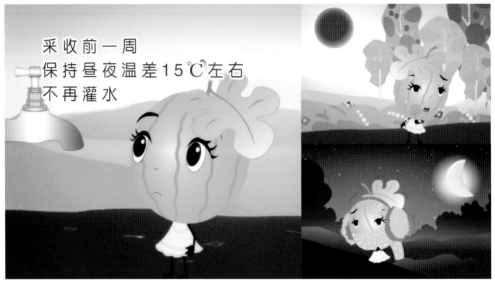

采收前一周
保持昼夜温差15℃左右
不再灌水

采收前一周，为了让自己能够甜甜地被带走，小西瓜渴得要命，硬是强忍着不喝水。早上热得流汗、晚上冻得哆嗦，同样没有半句怨言。

老虎家的瓜棚里，即将成熟的小西瓜舒服地躺在吊床上睡午觉，和刘大爷瓜棚里满头大汗、难受得翻来覆去的大西瓜形成鲜明对比。小西瓜告诉他："因为他家用的是膜下滴灌，不是大水漫灌。"

69

水分直接进土,顺着茎叶供应上来,空气干爽得很,又舒服又不爱得病。大西瓜听了非常羡慕。可是,小西瓜虽然日子过得舒服,但一连几天都不长个儿,也有点闹心。

　　眼见就要采收了，可小西瓜就是不长个儿，老虎有点犯愁。小农科看过温度、湿度记录后告诉他："使用膜下滴灌能使空气干爽，但也要避免湿度过低，从而影响产量。"

定个儿后控制浇水
采收前7天停水

1 800克

瓜熟蒂落，
完美！

为保证产量，当湿度低于50%~60%时，可以采用沟灌来增加棚内的湿度。但要注意通风，避免湿度过大发生白粉病。

这天一大早儿，刘大爷远远看到，老虎家瓜棚外停着的两辆运输车里，已经堆了不少装箱的小西瓜。再看看自家一棚的生瓜蛋子，老头心里甭提多着急了。

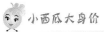

大西瓜跳出来抱怨道："叶子湿乎乎地贴在地面上，长得碜碜还爱生病。能不能别再大水漫灌了，棚里湿度太大了。"正说着，只听咔嚓一声，大西瓜头上又裂开一道口子，疼得他连连惨叫。

　　哪成想屋漏偏逢连夜雨，刘大爷发现好些瓜叶都打蔫儿了，六神无主的他连忙让老虎给小农科打电话求助。小农科看过照片后，告诉他们这是枯萎病，幸亏发现及时，还能挽救，并把治病方法详细地说了一遍。

你这种西瓜的方法也有问题。

哎，你们提醒我用的药，我都没用。

　　刘大爷为自己当初没听小农科和老虎的劝告，懊恼不已。老虎见他终于认识到自己的问题，便趁机告诉他，种瓜的方法也需要改进了。

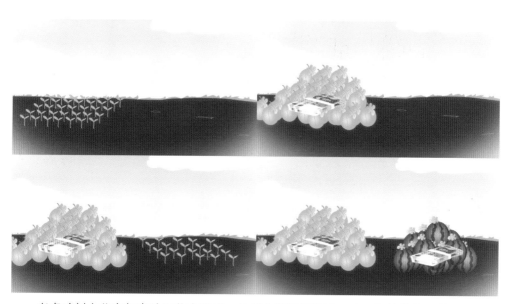

　　老虎劝刘大爷来年也种吊蔓小西瓜，见刘大爷还是犹豫不决，便给他算了笔经济账。小西瓜一亩地2 200株，平均每个1.5千克，亩产3 300千克，售价2万多。可大西瓜一亩地500株，平均每个5千克，亩产约为2 500千克，售价只有1万。

刘大爷吃惊地问老虎为啥卖这么贵，老虎解释道："我这瓜不光品质好，嫁接加上蜜蜂授粉，又没打农药，绿色又安全，卖得当然贵了。小瓜熟得早，下茬种菜还能收个1万多呢。"刘大爷这回是服气了，打算第二年跟着老虎一起干。

　　刘大爷看着满棚的小西瓜，一时不知道该摘哪个好，老虎让他随便摘。瓜棚管理好了，就能做到一块儿熟、一次采收，这秘诀就在掐蔓上……

　　5片叶时，尖掐掉，让它重新长蔓。新出的蔓长得整齐，生长期一致，开花结果时间就统一了。

　　刘大爷摘下一个小西瓜，用手指一弹，又放到耳朵边拍了拍，不由得乐开了花。可他一下没拿住，小西瓜掉在地上，立马碎成了几瓣。

　　老虎捡起一块西瓜，让刘大爷尝一尝。"嘿，真甜呐！"大爷尝了一口，连忙竖起大拇指赞叹。老头子和小西瓜的脸上，全都乐开了花。

图书在版编目（CIP）数据

小西瓜大身价 / 韩贵清主编.—北京 ： 中国农业
出版社， 2017.3
（现代农业新技术系列科普动漫丛书）
ISBN 978-7-109-22778-1

Ⅰ. ①小… Ⅱ. ①韩… Ⅲ. ①西瓜—瓜果园艺 Ⅳ.
①S651

中国版本图书馆CIP数据核字(2017)第039479号

中国农业出版社出版

（北京市朝阳区麦子店街18号楼）
（邮政编码 100125）
责任编辑 刘 伟 杨桂华

北京通州皇家印刷厂印刷 新华书店北京发行所发行
2017年3月第1版 2017年3月北京第1次印刷

开本: 787mm×1092mm 1/32 印张: 2.875
字数: 70千字
定价: 18.00元
（凡本版图书出现印刷、装订错误，请向出版社发行部调换）